펭귄과 바닷새들

펭귄과 바닷새들

1판1쇄 펴냄 2019년 1월 14일
1판3쇄 펴냄 2021년 6월 7일

지은이 맷 슈얼 | **옮긴이** 최은영 | **감수** 이원영

펴낸이 김경태 | **편집** 홍경화 성준근 남슬기 한홍비 | **디자인** 박정영 김재현 | **마케팅** 전민영 서승아
펴낸곳 (주)출판사 클
출판등록 2012년 1월 5일 제311-2012-02호
주소 03385 서울시 은평구 연서로26길 25-6
전화 070-4176-4680 | 팩스 02-354-4680 | 이메일 bookkl@bookkl.com

ISBN 979-11-88907-45-8 03490

이 도서의 국립중앙도서관 출판예정도서목록(CIP)은 서지정보유통지원시스템 홈페이지(http://seoji.nl.go.kr)와 국가자료공동목록시스템(http://www.nl.go.kr/kolisnet)에서 이용하실 수 있습니다.(CIP제어번호: CIP2018041054)

PENGUINS

AND OTHER SEA BIRDS

펭귄과 바닷새들

맷 슈얼
MATT SEWELL

일러두기

1. 이 책에 등장하는 조류 이름 중 일부는 학계에서 통용되는 표기를 따랐습니다. 국립국어원에서 제안하는 표기법과 다를 수 있습니다.
2. 이 책에서 *은 옮긴이 주석, •은 감수자 주석입니다.

팻 리를 추억하며

차례

추천의 말

바닷새들은 지구에서 가장 척박한 곳에서 사는 생명체이다.
광활하고 끊임없이 변화하는 환경에서 사는 바닷새들을 생각하면
다른 것과는 비교할 수 없을 정도로 상상력이 불타오른다.

개인적으로 가장 좋아하는 새는 가넷Gannet이다. 멀리, 눈부시게
흰 날개 한 쌍이 끝없이 펼쳐진 바다에 나타나더니, 파도 너머
높이 날다가 갑자기 날갯짓을 멈추고 아래로 뚝 떨어진다.
가넷은 하늘과 바다 사이를 비행하기 위해 날개뼈를
일부러 탈구시키기 때문이다.

애석하지만, 우리 상상력 대부분은 우리가 세상에서
경험한 것을 벗어나지 못한다. 하지만 그 상상력과의 차이야말로
내게는 영감의 원동력이다. 다행히 이 책에 실린 바닷새들의
매끄럽게 빛나는 비행 모습에 대한 아름답고 독특한 설명은
눈 깜짝할 사이에 독자들의 마음을 날아오르게 할 것이다.

브라이언 브리그스, 스토너웨이*, 2015년 8월

* 브라이언 브리그스는 옥스퍼드에서 결성된
인디 포크 밴드 스토너웨이의 기타리스트이다.

들어가며

처음 이 책의 자료 조사를 시작했을 때, 구글에서 우연히 연관 검색어로
이런 질문을 보게 되었다. "펭귄은 물고기예요, 새예요?" 웃느라 입에서
차가 흘러나왔다. 하지만 검색 엔진이 이 질문을 찾아줬다는 것은,
곧 많은 사람들이 바로 이런 질문을 던지고 있다는 뜻이다. 그리고 펭귄은
무척 신비롭다. 귀엽지만 분명 무척 괴상하고 뚜렷한 개성이 있다.

인류는 언제나 바닷새의 뛰어난 비행 솜씨, 물속에서도 물 위에서도
편안히 움직이는 능력, 계절에 맞춰 엄청난 규모로 대륙을 횡단하는
특징 때문에 신비로운 존재와 연결 짓곤 했다. 그래서 바닷새는
실종된 뱃사람의 영혼, 성인聖人, 폭풍 전야, 흉조, 마녀, 전사로 여겨졌다.
이들은 자연재해 못지않게 인간이 만든 위험에 쉽게 빠진다.
수많은 새가 위기에 처해 있는 것은 놀랄 일이 아니다.

독자들이 이 책을 통해, 펭귄이 단지 귀여운 새가 아닌
훨씬 더 많은 것을 지닌 생명체라는 사실을 알게 되기를 바란다.
사실, 펭귄은 지구상에서 가장 강인한 영혼을 지닌 생명 중 하나다.
수백만 년 동안 지구의 가장 험난하고 쓸쓸한 환경에서도
살아남도록 진화되었으니 말이다.

그리고 분명히 말하지만, 펭귄은 물고기가 아니다!

황제펭귄

Aptenodytes forsteri

펭귄 중에서도 황제펭귄은 눈 덮인 남극의 대장, 술탄이다. 할리우드 영화의 스타이자 자연 다큐멘터리계의 블루칩으로, 펭귄 무리 가운데서도 무척 위풍당당해서 펭귄종을 대표하는 동물로 발탁되었다. 내가 가장 좋아하는 초콜릿 비스킷 포장지에도 그려져 있을 정도다. 올림픽 경기용 수영복을 입고, 오지 오스본이 쓰고 다니는 레이밴 선글라스보다도 더 까만 눈을 한 황제펭귄은 세상에 알려진 펭귄 가운데 가장 크고 가장 무겁다. 무게는 뚱뚱한 래브라도레트리버와 맞먹고, 키도 이 개가 뒷다리로 땅을 딛고 섰을 때와 비슷하다. 하지만 이 육중한 몸은 게으름의 결과가 아니라 영하로 떨어지는 남극의 기온으로부터 자신과 새끼를 보호하기 위해 꼭 필요한 '방한용 내의'이다. 황제와 황후는 겨울 동안 알을 낳고 새끼를 기른다. 암컷이 알을 낳고 먹이를 비축하러 떠나 있는 동안, 수컷들은 대양에서 수개월간 공습경보처럼 휘몰아치는 바람과 눈보라, 이제 시작된 아빠로서 삶에 대한 암울함을 견디며 홀로 새끼를 보살핀다. 이 수백 마리 아빠들은 함께 모여서 몸을 웅송그린 채 자리를 바꿔가며 영하 70도를 견딘다. 알은 아빠가 질질 끌고 있는 발 위 따뜻한 알주머니 속에 안전하게 폭 들어가 있다. 곧 솜털로 뒤덮인 새끼 펭귄이 부화하고, 통통하고 윤기가 흐르는 암컷들이 건강해진 채 바다에서 돌아온다. 암컷과 수컷은 마치 스쳐지나는 사람들처럼 잠깐 만나 역할을 바꾼다. 이제 수컷들이 먹을 것을 얻기 위해 깊은 바닷속으로 미끄러져 내려간다. 황제펭귄은 수심 540미터까지 도달할 수 있고 15분이나 숨을 참을 수 있다.• 대단하다!

• 최근 연구에 따르면 최대 잠수 깊이는 565미터, 가장 오래 잠수한 시간은 32.2분이다.

임금펭귄

Aptenodytes patagonicus

황제보다는 한 자리 아래지만, 여전히 왕이다.
임금펭귄은 황제펭귄과 함께 황제펭귄속에 속하는 유일한 펭귄이다.
1미터 키에, 태도는 오만하며, 하얗게 빛나는 은빛 망토를 둘렀고,
목 근처에는 황제의 토파즈 장식이 은은히 빛난다. 그 강렬한 화려함은
흰 눈이 듬성듬성 쌓인 로키산맥 지형부터 아남극 전선의 섬들,
사우스조지아와 포클랜드, 오스트레일리아 일부와 아르헨티나 북쪽
지역까지 뻗어 있는 임금펭귄 왕국의 땅과 극명한 대조를 이룬다.
황제펭귄에 비해 좀더 쾌적한 환경에 사는 임금펭귄들은 매일매일
부모의 의무를 나누어 맡는데, 바로 알을 보살펴 새끼 펭귄이 세상에
나오도록 하는 일이다. 새끼 펭귄들은 품위 있는 이 귀족 무리와
달라도 너무 다르다. 마치 새스콰치, 일명 빅풋 같은 차림을 하고
뒤뚱뒤뚱 걸음마를 하는 아기처럼 보인다. 어른들이 양육을 잠시 멈추고,
먹이를 비축하러 바다에 뛰어들어 육식 고래와 얼룩무늬물범을 능숙하게
피하는 동안, 이 아기 괴물들은 일종의 어린이집에서 무리를 지어
생활하며 포식자인 도둑갈매기와 풀마갈매기의 위협에서 보호받는다.
임금펭귄은 이렇게 고단한 일상과 더불어 한때는 고기, 연료 그리고
포근한 모피를 원하는 인간에게 사냥 당한 적이 있었는데도,
200만 쌍이 훨씬 넘는 개체수를 자랑한다.

갈색도둑갈매기

Stercorarius antarcticus

우리의 펭귄을 향해 드리운 그림자. 펭귄 알, 새끼 펭귄, 심지어 다 큰 펭귄도 이 육중하고 거대한 도둑갈매기의 살해 위협에서 자유로울 수 없다. 이들이 지배하는 어둠의 세상에서는 전 세계가 적이자 사냥감일지도 모른다. 펭귄이 발견되는 곳은 그 어디든, 남극부터 칠레에 이르기까지 이들의 식민지가 된다. 갈색도둑갈매기의 삶과 생존에 관한 이야기는 수백 년에 걸쳐 생겨나거나 되풀이되었고, 앞으로도 수백 년 이상 이어질 것이다.

나그네알바트로스

Diomedea exulans

천천히 포물선을 그리는 알바트로스의 비행은 마치 빙하처럼
영원할 것만 같고, 빛나는 광시곡처럼 보이기도 한다. 그 고독하고
강건한 움직임은 팽팽한 쾌속 범선의 돛처럼 바람의 희미한 숨결
하나하나까지 모두 받아들여 영원히 앞으로 나아간다.
3미터가 넘는 날개로 한 번 날갯짓을 하면 수백 해리를 날 수 있다.
나그네알바트로스는 주로 남극해 부근에서만 살아가며,
까맣게 두드러지는 눈썹과 키스 마크가 찍힌 듯한 부리를 지녔고,
현존하는 새 가운데 날개가 가장 길다. 부리로 하늘을 찌르는 것 같은
매력적인 구애의 춤을 추고 새끼를 낳아 기르는 동안에만
땅에 내려왔다가 다시 하늘로 되돌아간다. 나그네알바트로스는
50여 년간 하늘을 떠돌며 수백만 미터를 힘들이지 않고 날아다닌다.
길조라 불리는 이 멋진 새가 해내는 것처럼 세상의 모든 비행이
깨끗하고 무해하다면 얼마나 좋을까!

쇠바다제비

Oceanites oceanicus

쇠바다제비는 정원에서 흔히 보는 되새, 참새, 박새만 한 작은 새다.
꼬마 선원처럼 보이는 이 새는 사실 한 해의 대부분을, 사계절을,
눈이 오나 비가 오나 바다 위에서 보내는 노회한 뱃사람이다.
뱃사람들은 쇠바다제비가 험악한 날씨를 예언한다는 미신을 믿는다.
박쥐처럼 수면 위에 떠오른 채 자신들을 뒤쫓는 죽은 선원의
영혼이라고 상상하기도 한다. 특히 날씨가 험악한 시기에는
바람에 떠밀려 내륙까지도 오는데, 그래서
'스톰 페트럴Storm Petrel'이라는 이름이 붙었는지도 모르겠다.
다리를 대롱거리며 퍼덕퍼덕 날아가는 모습도 마찬가지로
이름에 영향을 주었다. '페트럴Petrel'은 쇠바다제비가 새끼에게
먹이를 주는 모습이 마치 베드로가 갈릴리호 위를 걷듯
물 위를 걷는 것처럼 보여서 붙은 이름이다. 고래새Prion,
등에바다제비Gadfly Petrel, 잠수바다제비Diving Petrel 등
슴샛과에 속하는 새뿐만 아니라 검은망토바다제비Black-Caped Petrel
같은 수많은 바닷새가 150년이 흐른 최근에야 재발견되었다.
이들은 전 세계 어느 바다에서나 만날 수 있지만, 쇠바다제비는
영국의 서해안 바로 옆에서만 발견된다. 윌슨바다제비와 젠투펭귄을
보고 싶다면 남극 해안으로 가야 하는 것과 비슷하다.

북방큰풀마갈매기

Macronectes halli

지옥의 갈매기! 썩은 고기를 좋아하고 내장 애호가인 이 새가
아름다운 쇠바다제비와 같은 일족이라니, 도무지 이해할 수가 없다.
하지만 코를 보면, 그게 사실이라는 걸 알 수 있다.
슴새, 풀마갈매기, 바다제비 같은 슴샛과의 다른 새처럼,
북방큰풀마갈매기도 부리가 둥글고 대롱 모양의 코가 달렸다.
이 새는 두번째 신장과 같은 역할을 하는 눈 위 분비샘으로
끊임없이 짠 바닷물의 과도한 소금기를 배출해서
이 유명한 콧구멍을 통해 밖으로 내보내곤 한다. 물론 이 콧구멍은,
죽어서 썩기 시작한 먹이를 냄새로 찾아내는 역할도 한다.

회색슴새(사대양슴새)

Ardenna grisea

영국 맨섬에는 수수께끼 같은 맨섬 슴새가 산다. 그들의 친척은
지중해 연안 섬들로부터 도래한 발레아레스제도의 슴새를 포함해
유럽 전역에 살고 있지만, 개체수는 한 줌에 불과하다. 여기서
축하할 일은 아니지만, 멸종 위험 동물 리스트에 오른 슴새를
보호하기 위한 강경한 조치들이 이루어지고 있다. 크고, 검고,
잘생긴 회색슴새의 삶은 확실히 치하받을 만하다. 먼바다를 오가는
이 철새는 번식지인 뉴질랜드, 칠레, 오스트레일리아, 포클랜드
등지의 바닷가 절벽에서 거무스름한 새끼 슴새들을 다 키우고 나서
장대한 항해 길에 오른다. 아남극 회색슴새는 칼날 같은 날개로
수면을 헤치며 바다로 나가, 시계 방향으로 둥글게 돌며 모험을
시작한다. 서태평양 연안과 북극해를 지나 동쪽 바다로 다시 내려가,
세계 곳곳을 여행하는 전설적인 이 여행자들에게
존경을 표하는 사람들이 기다리는 귀향 파티를 즐긴다.

아델리펭귄

Pygoscelis adeliae

아델리펭귄은 날지는 못하지만, 건조하거나 얼음에 뒤덮인 땅을
여기저기 다니기에 최적화된 운 좋은 펭귄이다.
뒤뚱거리는 걸음걸이가 트레이드마크라 할 수 있지만, 사실
아델리펭귄은 같은 사이즈로 된 큰 턱시도를 빌려 입고도 언제나
놀랍도록 빠르게 장거리를 걸어다닐 수 있는 능력자이기도 하다.
아델리펭귄은 남극해 빙하 위에서 사는 황제펭귄과 이웃해 살고 있다.
아델리펭귄은 태양을 따라서 움직인다. 겨울이 되면 태양빛이 점차
흐릿해져 지평선 아래로 깊이깊이 숨어버리고 두꺼워진 얼음은 천천히
움직인다. 모든 펭귄은 피부가 지방층과 깃털, 두 겹으로 이루어져
있는데, 두꺼운 재킷을 입은 것과 같아서 추위로부터 자신을 지킬 수
있다. 깃털 역시 두 겹인데, 빳빳한 깃털과 보송보송한 깃털로 이루어져
따뜻한 공기가 밖으로 빠져나가지 않도록 가둔다. 아델리펭귄 역시
이러한 방식으로 겨울을 난다. 해가 잘 드는 바닷가에 돌로 둥지를
틀어 새끼를 기르고, 바다에서 사흘간 쉬지 않고 열심히 생선을 낚아
새끼들을 먹여 살린다. '아델리Adélie'라는 사랑스러운 이름은
나폴레옹 시대 해군 사령관의 아내 이름에서 유래됐다. 남극 지역에
펭귄이 산다는 기록을 프랑스에서 최초로 남긴 해군 사령관은,
자신이 발견한 대륙과 펭귄에게 아내의 이름인 '아델리'를 붙였다.

젠투펭귄

Pygoscelis papua

붓꼬리펭귄 삼총사 중 하나인 젠투펭귄은 펭귄 가운데 가장 꼬리가 긴 펭귄으로 유명하다. (물론 공작새의 꼬리처럼 길다는 건 아니다. 하지만 펭귄의 세계에서는 미묘한 차이라도 두드러진 특징이 되며 기념할 만한 가치도 있다.) 긴 꼬리와 함께, 공들여 칠해놓은 검은 에나멜이 일부 떨어져나간 것처럼 보이는 눈 주위 흰 반점은 젠투펭귄을 알아볼 수 있게 하는 표지이다. 젠투펭귄은 보행자 전용 구간에서 혼자 차를 타고 달리다 딱지를 끊을 만큼 헤엄치는 속도가 무척 빠르다. 또 돌을 무척 좋아해서, 서식지인 동그란 둥지에는 수집한 조약돌들이 나란히 쌓여 있다. 젠투펭귄은 마치 왕의 보석처럼 이 조약돌들을 지킨다. 남의 돌을 탐내는 이 강도들은 매일 다른 둥지의 돌을 빼앗으려 서투른 강도짓을 꾸민다. 그리고 훔쳐낸 귀한 크리스털을 사랑하는 짝에게 선물해 애정을 더욱 돈독하게 유지하려 한다. 아마도 '젠투Gentoo'라는 이름은 이런 신사의 선물로부터 유래된 것 아닐까. (선물이 장물이라는 건 무시하자.)

줄무늬카라카라

Phalcoboenus australis

카라카라는 숲새매와 같은 과에 속하는 새로, 남아메리카와 중앙아메리카 대륙을 따라 서식한다. 다리가 긴 매와 같은 생김새인데, 나는 카라카라 중에서도 멋진 남부카라카라를 가장 좋아한다. 강철 같은 회색 가슴 깃털이 줄무늬 같아 보여 줄무늬카라카라라고 불리는 이 새는, 아남극 지역 최남단에 사는 유일한 일반적인 맹금류이다. 하지만 카라카라는 날아다니며 사냥하는 전형적인 매와는 달리 죽은 동물을 먹이로 삼는 기회주의자다. 또 매우 영리해서 날개보다는 머리를 쓰며 산다는 점에서 까마귀나 사랑앵무, 회색앵무와 더 비슷하다. 줄무늬카라카라는 갓 태어난 새끼 양을 좋아한다는 이유로 포클랜드에서는 '조니 룩Johnny Rook'이라는 이름으로 불리며 박해를 받았다. 고기처럼 보이는 붉은색 물건이나 다른 새가 가지고 가는 것은 무엇이든 빼앗으려 하는 행동으로도 유명하다. 카라카라는 바위뛰기펭귄Rockhopper Penguin의 새끼도 좋아한다. 바위뛰기펭귄의 번식기는 카라카라에게 잔칫상이 차려지는 나날인 셈이다. 번식기가 끝나면, 카라카라도 지략가이자 말썽꾸러기인 원래 모습으로 돌아간다.

칼집부리물떼새

Chionis albus

정말 기묘한 새다. 갈매기처럼 보이지만
발에 물갈퀴가 없고, 비둘기와 비슷하게 생겼지만
칠면조처럼 볏이 있고, 부리는 무시무시한 단검처럼 보인다.
하지만 칼집부리물떼새는 생물학적으로 진흙땅을 뒤지며 사는
섭금류와 가장 가깝다. 남극 대륙과 그 주변 섬에 사는 새 중
유일한 고유종이라는 사실에서 짐작할 수 있듯, 매우 강인한
새이기도 하다. 이 가혹한 땅에 사는 다른 생명체들과 마찬가지로,
칼집부리물떼새 역시 지략 있고, 무엇이든 잘 먹으며, 용감하다.
펭귄 알을 훔치거나 다른 새끼 새의 입 밖으로 튀어나온 먹이를
빼앗아 먹기도 한다. 몸집이 작으니 겁도 많을 거라 생각하고
쉽게 봐선 안 된다. 펭귄은 바닷속에서는 얼룩무늬물범과
범고래에게 스토킹을 당하고, 땅에서는 하늘 위 도둑갈매기나
풀마갈매기로부터 목숨을 지키려 대비해야 하는데, 그저
걸어가다가 이 괴상한·흰 비둘기 같은 새를 만나면 도둑질
당할 수도 있다. 펭귄을 불쌍히 여기지 않을 수 없다.

황제가마우지

Phalacrocorax atriceps

황제가마우지는 남극해에서는 흔한 바닷새로,
남극가마우지로도 알려져 있다. 이렇게 고결한 이름이
붙은 이유는 푸른 눈의 황제가마우지를 영국 해안의 평범한
가마우지와 비교해보면 쉽게 알 수 있다. 이 새는 언제 봐도
대단한 생명체로 보이지만, 정말로 매료되는 부분은 하늘색
홍채와 마치 호박벌의 다리에 매달린 커다란 꽃가루처럼 보이는
부리 위 노란색 혹이다. 참, 앞머리도 빼놓을 수 없다! 하지만
모두 합쳐놓고 보면, 어쩌면 너무 고귀한 이름을 붙인 게 아닌가
싶은 생각도 든다. 중세의 어릿광대가 연상되기 때문이다.
임금펭귄과 나란히 놓고 보면 더더욱 그렇다.

북극제비갈매기

Sterna paradisaea

북극제비갈매기(제비갈매기로도 통칭)는 두 갈래 꼬리를 지닌 동료들과
적도를 횡단하는 엄청나게 힘든 장거리 이동을 매년 반복한다. 그러니
바다에서 가장 우아한 새가 되는 것쯤이야 무척 쉬운 일일 것이다.
비둘기처럼 흰 몸, 수정처럼 회색으로 빛나는 날개, 부표처럼 강렬한
빨간색의 예쁜 부리와 다리. 북극제비갈매기는 땅 위에서나 하늘에서나
흠잡을 데 없이 말끔하고 멋있다. 태양을 흠모하는 나머지, 1년에 여름을
두 번 나는 이 유랑객에게는 하루하루가 휴가다. 하지만 그러자면 해야 할
일도 있다. 봄과 여름이 영국 노퍽 지역에서부터 태평양이나 대서양을 따라
북쪽으로 올라가 그린란드에 이르는 동안, 북극제비갈매기는 수많은 새끼
새들을 기른다. 그리고 온도가 서서히 떨어지고, 비싼 겨울 외투를
새로 사야 할까 싶을 때쯤 북극제비갈매기에게 변화가 일어난다.
방랑벽이 도지면서, 비로소 떠날 때가 되었다는 걸 알아차리는 것이다.
극지방에서 휴가를 보내려는 새들에게는 최적의 계획이다.
내비게이션은 남극 대륙에서 아프리카 해안을 거쳐 다시 남아메리카
대륙을 경유하는 길을 안내해준다. 6500킬로미터 정도밖에 되지 않는 짧은
여행이다! 놀라운 일은 이뿐만이 아니다. 매년 이 여행을 반복하면서도
40년을 넘게 산다는 사실을 생각해보라. 작은 과자봉지만큼 가벼운 이
바닷새가 일생 동안 달과 지구를 세 번이나 왕복하는 셈이다.
정말 놀라운 일 아닌가!

턱끈펭귄

Pygoscelis antarctica

이름이 멋진 이 새는 정말로 반짝거리는 까만 베레모 모양 헬멧을
턱끈으로 꽉 조여서 쓰고 있는 것처럼 생겼다. 얼마나 단단히
조였는지, 먹잇감이 도망칠 때나 범고래의 공격을 피할 때도 헬멧은
언제나 제자리에 있다. 펭귄은 모두 최고의 수영 선수로 진화했다.
보통 새의 뼈는 비행할 때 더 가볍도록 속이 텅 비어 있지만,
펭귄의 뼈는 부력이 상승되도록 더 무겁고 단단하다.
또 태어날 때는 갈색이지만, 시간이 지날수록 정교한 흑백 얼룩무늬로
변한다. 하얀 배는 햇살에 눈부시게 빛나는 효과가 있어 살며시
쫓는 포식자들의 공격을 막아준다. 뒷모습은 위부터 아래까지
검은색인데, 공중에서 보면 마치 바다처럼 보여서 다른 새들의
공격을 피할 수 있다. 이렇게 몸 색깔로 교묘하게 위장하는 것을
'역그늘색countershading'이라 부른다. 펭귄의 까만 눈은 흰 눈으로
덮인 눈부신 주변 환경에서부터 시야가 흐릿한 물속까지 모두 잘
볼 수 있고 빠른 속도로 먹잇감을 추격하는 동안에는 제3의
눈꺼풀이라 불리는 순막에 의해 보호된다. 펭귄이 어설픈
동물이라는 증거는 셀 수 없이 많지만, 한편으로 이 증거들을 통해
펭귄이 세상에서 최고의 새라는 걸 알게 된다.

북부바위뛰기펭귄과 남부바위뛰기펭귄

Eudyptes moseleyi & Eudyptes chrysocome

키는 약 50센티미터로 작지만 얼마든지 바위를 뛰어넘을 수 있다!
새의 세계에서 바위뛰기펭귄은 키 작은 록스타라 할 수 있다.
전직 주조 공장 노동자였던 이 펭귄들은, 검은 데님과 가죽옷을 입은
헤비메탈 가수로 변신해 싸구려 아이라인을 그리고 축축하게 젤을
발라 머리카락을 세웠다. 탈색한 금발은 어깨 근처에서 출렁이고,
등에는 별이 그려져 있다. 비록 '바위뛰기Rockhopper'라는 이름은
이런 록스타 같은 이미지 때문이 아니라 육지에서 재빠르게 움직이기
때문에 붙은 것이지만. 대부분의 펭귄은 터보건 썰매처럼
배를 밀며 미끄러지거나 어설프게 기어오르는 것을 좋아한다.
그에 반해, 우리의 영웅 바위뛰기펭귄은 아침부터 잠자리에
들 때까지 점프와 다이빙, 깡충깡충 뛰는 것을 좋아한다.
바위뛰기펭귄은 두 종으로 나누어지는데, 외모는 서로 흡사하다.
북부바위뛰기펭귄은 뉴질랜드와 인도양에 커다란 무리를 이루어
살고, 남부바위뛰기펭귄은 칠레와 아르헨티나, 포클랜드 등지를
돌아다니며 산다. 어린이를 위한 애니메이션 영화의 단골 스타이기도
하지만, 두 종 모두 멸종 위험에 처해 있다. 1950년대에 일어난
기름 유출 사고와 기후변화, 무분별한 남획으로 인해
개체수가 위험할 정도로 줄어들었기 때문이다.

검은부리아비(큰아비)

Gavia immer

눈에 띄는 외모의 붉은목아비, 큰회색머리아비와 같은 아비목
새는 지독하게 잘생긴 바닷새들이다. 윤기가 흐르는 대단한
포식자로, 서유럽과 캐나다, 북아메리카 만에 서식하며
바닷가 얕은 물속에 사는 물고기와 연체동물을 잡아먹는다.
여름철 내내 저수지나 큰 호수의 물웅덩이에서 새끼를 기르고,
울음소리는 우리에게 친숙한 청둥오리의 꽥꽥 소리와 거위의
끼룩끼룩 소리처럼 그곳 풍경과 하나를 이룬다. 으스스한
요들송 같은 울음소리가 수면에 메아리친다. 그래서
아메리카 대륙에서는 아비새를 '미친 새'라고 부르기도 한다.
나는 이 울음소리를 직접 들어본 적은 없지만,
바다 밖에서도 특별한 재능과 용기, 솜씨를 보여주고,
붓으로 무늬를 그려놓은 듯 이토록 아름다운 진녹색 새에게
잘 어울리는 이름이라고 생각하진 않는다.

북방풀마갈매기

Fulmarus glacialis

관 모양이 달린 부리를 눈여겨보지 않으면, 풀마갈매기는
다른 흔한 갈매기와 혼동하기 쉽다. 풀마갈매기는 다부지고
힘이 세지만 일본산 미니밴처럼 앙증맞고, 북극권 한계선부터
여름철 브리튼섬의 해안을 돌아 아시아로 가는 길목
어디서든 볼 수 있다. 한때는 풀마갈매기류를 보기 어려웠다.
지금은 사람이 살지 않는 스코틀랜드 세인트 킬다 군도의
섬에서만 볼 수 있었고, 고기, 약재, 베갯속으로 쓸 깃털,
램프에 넣을 기름 등 여러 가지를 얻겠다는 이유로 사냥했다.
다행스럽게도 심각하게 남획되지는 않아서 개체수는
안정적이지만, 여전히 조심스레 접근해야 한다. 이 새는
소심하면서도 공격적이라서, 가까이 다가가면 친구든 적이든
가리지 않고 방어적으로 냄새가 풀풀 풍기는 기름 덩어리를
배 속 깊은 곳에서 끌어올려 쏘아댄다. 소화관에서부터 입으로
마구 분출되는 기름 덩어리를 맞으며 하루를
시작하고 싶지 않다면, 조심하자.

북극도둑갈매기

Stercorarius parasiticus

북극도둑갈매기는 크기도, 색조도 각양각색이지만 모두 긴 꼬리 깃털이 있다. 이 깃털은 달리는 열차에 무임승차를 하려고 뛰어드는 사람들처럼 갈매기의 꼬리를 물고 매달린 한 쌍의 물고기들처럼 보인다. 북아메리카와 유라시아의 추운 툰드라 지역에서 매우 흔한 바닷새인데 번식기인 여름에는 스코틀랜드와 영국 해안에서도 볼 수 있다. 운이 좋다면 가을 내내 원래 있던 곳으로 대이동하는 광경을 구경할 수도 있다. 영국에서는 이 새를 북극도둑갈매기라고 부르지만 나는 '기생하는 사냥꾼Parasitic Jaeger'이라는 뜻을 지닌 다른 이름을 훨씬 더 좋아한다. 왜냐하면 깡패처럼 살아가는 이 새의 습성이 담긴 이름이기 때문이다. 도둑갈매기들은 쫓아다니면서 도둑질을 하고, 남의 사냥감을 빼앗는다고 알려져 있다. 하지만 북극도둑갈매기는 이보다도 한 차원 높은 도둑으로, 갈매기와 매력적인 제비갈매기의 사냥감을 끊임없는 갈취하는 일을 특히 잘한다. 사냥꾼처럼 움직이는 데 능숙해서, 자기 앞에 점심거리를 떨어뜨릴 때까지 다른 새를 쫓아다니면서 울부짖고 괴롭힌다. 북극도둑갈매기들은 조금 진정하고, 리처드 바크의 《갈매기의 꿈》을 읽고 나서, 자기 체격에 맞는 상대를 찾아갈 필요가 있다.

쇠솜털오리(스텔러솜털오리)

Polysticta stelleri

쇠솜털오리의 털은 짙은 시나몬 색조 바탕에 허블 우주 망원경처럼
짙은 남파랑이 강렬한 대비를 이룬다. 혹독한 북쪽에 사는
강인한 바다쇠오리들보다는 남태평양의 화려한 산호초 물고기와
훨씬 잘 어울릴 법한 섬세한 무늬가 돋보인다. 스칸디나비아와
일본, 북아메리카, 러시아에서 번식하는데, 특히 이들의 고향
알래스카에서 개체수는 나날이 감소하고 있다. 쇠솜털오리들이
오리 사냥꾼들의 멋진 전리품이 되지 않기를 바랄 뿐이다.

오색솜털오리(호사북방오리)

Somateria spectabilis

왜 이 오리들이 '왕king eider'이라 불릴까. 답을 맞히는 건 하나도 어렵지 않다. 오색솜털오리는 크고, 지구에서 가장 빠른 새 중 하나이며, 검은색 테두리에 가운데는 밝은 파스텔 톤으로 빛나는 선명한 노란색 작은 왕관이 머리 위에 자리 잡고 있다. 스펙타빌리스*Spectabilis*라는 학명은 '뛰어나다'와 '볼 만한 가치가 있다'는 의미다. 나는 잘 차려입은 노인들이 쌍안경과 홍차가 든 보온병, 비스킷을 챙겨들고 이 '볼 만한 가치가 있는 오리'를 구경하러 나간다는 사실이 무척 좋다. 오색솜털오리는 썰렁한 분위기를 깨는 데 최고인데, 외모 때문만은 아니다. 여름이면 번식하기 위해 다른 새들과 반대로 황량한 북극으로 향한다. 이 새를 보고 싶다면 반대 방향으로 가야 한다!

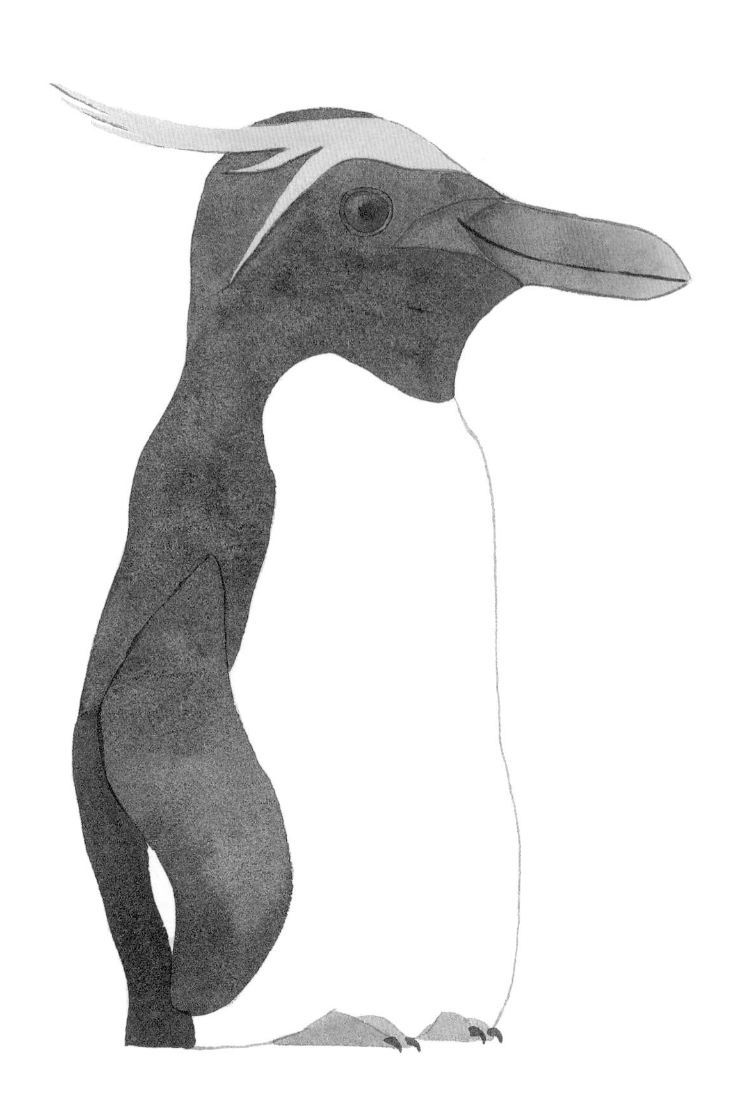

마카로니펭귄

Eudyptes chrysolophus

이 펭귄 친구는 자신의 기이한 이름에 아무 책임이 없다.
왜냐하면 접시에 가득 담긴 파스타와 함께 이 펭귄을 먹으면
맛있을 거라고 생각했던 건 뱃사람들이었기 때문이다.
그리고 만약 그게 사실이었다면 인간의 탐욕 때문에
마카로니펭귄은 이 세상에 남아 있지 않을 것이다. 물론
농담이다. 머리에 멋진 볏이 난 이 펭귄의 이름은 18세기 중엽
영국을 주름잡은 독특하고 화려한 신사들의 패션에서 비롯됐다.
여성스러운 복장에, 천장에 스칠 정도로 거대한 가발을 쓰고
라틴어로 은어를 내뱉는 모습의 마카로니 패션은 1980년대에
유행한 자기도취에 빠진 뉴로맨틱스 패션의 선구로 볼 수
있다. 내 생각에 마카로니펭귄이라는 이름은 이 펭귄에게 너무
지나친 것 같다. 조금 멋을 부린 것처럼 보일지도 모르지만,
마카로니펭귄은 그보다는 든든하고 고결한, 이 세상의
소금과 같은 이미지에 가깝다. 최신 유행 마카로니 패션을
더 보고 싶다면 마카로니펭귄과 함께 남극해 섬에서 사는
남부바위뛰기펭귄을 찾아보자. 이들의 개체수가 줄어들면서
유행 역시 지나가고 있지만, 아예 사라지지는 않기를 바란다.

로열펭귄

Eudyptes schlegeli

호주 매쿼리섬의 황제를 소개한다. 밝은 얼굴과 뛰어난 사교성,
연회를 즐기는 이 중세의 왕자는 쾌활하고 신하에게도 친절하다.
하지만 황제펭귄이나 임금펭귄과 같은 귀족 펭귄의 가족은 아니다.
로열펭귄은 머리에 볏이 나 있는 왕관펭귄속인데, 이 가운데
얼굴과 배가 모두 흰 유일한 펭귄이라 매우 중요한 위치에 있다.
많은 시간을 망망대해에서 보내다 크릴과 오징어로 배를 채운 뒤
바위투성이 해안으로 올라온다. 오직 뉴질랜드와 남극 대륙 사이에
있는 섬, 매쿼리섬에서만 번식한다. 펭귄은 남반구 기후에서만
살아갈 수 있게 진화되었는데, 육지 포식 동물이 없는 곳이기
때문이다. 북극곰이 펭귄을 먹어치우는 광경을 본 적
있는가? 하지만 이런 특성이 이제 또 다른 위협으로 다가온다.
펭귄종 전체가 너무 쉽게 멸종될 수 있기 때문이다. 무서운 일이다.

흰줄박이오리

Histrionicus histrionicus

흰줄박이오리는 그린란드, 아이슬란드, 북아메리카, 일본
해안 지역에서 주로 발견된다. 내륙의 물살이 빠른 강 위에서
작은 보트처럼 첨벙거리고 흔들거리며 번식을 하고는,
강어귀를 지나 바위투성이 해안으로 이동해 새끼를 기르고
한 해의 나머지 기간을 보낸다. 지역에 따라 번갯불이, 귀족새,
알록달록오리 등 여러 이름으로 불리는데, 모두 적갈색
옆구리와 잔잔한 물에 반사된 빛처럼 보이는 차가운
파란색과 흰색 조각으로 뚜렷한 무늬를 이룬 이 새의
생김새를 넌지시 암시한다. 이 여러 색의 깃털들은
16세기 어릿광대들이 입었던 모자이크 같은
체크무늬 의상과도 비슷해 보인다.

흰비오리

Mergellus albellus

바닷새 종류가 그다지 많지 않은 건 사실이지만, 그 바닷새들 가운데서도 내가 흰비오리를 가장 좋아하는 이유는 무엇일까? 바로, 이름 때문이다. '스뮤Smew'라니, 최고의 이름이자 무척 귀여운 발음의 이름 아닌가. 생김새도 멋지다. 깨진 얼음 같은 깃털 디자인은 대단히 사악해 보인다. 이 새가 유라시아 황무지에 있는 초승달 모양 호수나 침수림에 깊이 틀어박힌 채 발칸 반도에서 러시아까지 널리 퍼진 활엽수 나무 구멍에 둥지를 틀고 한 해의 대부분을 보낸다는 사실도 마음에 든다. 겨울이 오면, 따뜻한 물을 향해 이주를 시작한다. 대부분의 흰비오리는 강어귀로 나아가 영국 북해의 해안가나 염분이 있는 작은 호수에 자리를 잡고, 물고기를 잡아먹으며 배 속에 영양분을 비축한다. 여전히 영국의 겨울 호수나 저수지에서 발견되는 흰비오리도 몇몇 있는데, 역시나 겨울철 관광객들에게 인기가 높다. 일 때문에 런던에 머무르다가, 추위에 대비해 단단히 챙겨입고 수많은 아름다운 공원 중 한 곳을 방문했는데, 운 좋게도 흰비오리를 목격하게 된다면? 진짜 최고로 좋은 일일 것이다. 그리 쉬운 일이 아니라는 게 문제지만.

뿔바다쇠오리

Aethia cristatella

뿔바다쇠오리는 빗자루처럼 어수룩하게 보이고, 크리스마스 같은 냄새가 난다. 정말이다. 그리고 이 모든 것이 암컷 뿔바다쇠오리들에게 깊은 인상을 준다. 짝짓기의 계절이 되면, 다섯 가지 색조의 회색으로 이루어진 깃털, 대미를 장식하는 강렬하고 생기 넘치는 볏, 트럼펫 소리처럼 이성을 사로잡는 울음소리, 기막히게 향기로운 시트러스 향수로 무장을 하고서, 오호츠크해와 베링해의 화산섬 또는 알래스카의 절벽에서 토요일 밤마다 열리는 나이트클럽으로 가서 짝을 찾는다. 놀랍게도, 짝짓기 기간에 수컷은 오렌지 냄새와 대단히 비슷한 향기를 강렬하게 내뿜는다. 이 냄새는 늘 내게 어린 시절 크리스마스 무렵을 떠올리게 한다. 돌아오는 크리스마스 날, 양말 속에 뿔바다쇠오리가 들어 있다면 얼마나 좋을까!

각시바다쇠오리

Alle alle

대서양 건너편에서는 '도브키Dovekie'로도 알려진 이 새는,
바다쇠오리들 가운데 가장 크기가 작은 종으로 이름 그대로
정말 사랑스럽고 비둘기와 비슷한 특징을 지니고 있다.
각시바다쇠오리는 역시 바다쇠오리의 일종인 퍼핀Puffin보다
두 배나 크지만 귀여움 부문에서는 치열한 접전을 벌인다.
각시바다쇠오리는 찌르레기와 키는 비슷하지만 그보다 훨씬
뚱뚱하다(각시바다쇠오리에겐 비밀이다). 성격 역시 찌르레기처럼
사교적이며, 거대하게 떼를 지어 산다. 파도가 굽이치는 절벽 위
보금자리에 있지 않을 때는, 일제히 바다로 나간다. 수가 많을수록
안전한 법이니까. 겨울이 되면 북극의 꽁꽁 얼어붙은 서식지로부터
나와 새로운 거주지를 찾으러 가는데, 주로 캐나다와 북아메리카,
스칸디나비아, 영국의 해안 지역에서 겨울을 난다. 거센 돌풍을
타고 내륙 지방으로 내려오는 것이다. 정말 놀라운 광경 아닐까?

피오르드랜드펭귄과 스네어스펭귄

Eudyptes pachyrhynchus & Eudyptes robustus

노르웨이 피오르드랜드에 사는 펭귄은 아니다. 아쉽게도
북반구에 사는 펭귄 종은 그리 많지 않다. 비록 1930년대에
한 무리의 임금펭귄들이 작고 포식 동물이 없는 노르웨이 북쪽
섬에 온 적이 있었지만…… 애석하게도 이 땅은 날지 못하는
새에게는 이상한 곳이라 정착하지는 못했다. 피오르드랜드펭귄과
스네어스펭귄이 서식하는 문제의 땅은 바로 뉴질랜드다.
스네어스펭귄은 피오르드랜드펭귄과 거의 같은 새다. 물론
발생지가 다르고, 스네어스펭귄의 부리 안쪽 속살 아주 일부분이
피오르드랜드펭귄과 다른 그림 찾기 퀴즈처럼 조금 다르다.
하지만 사소한 것에 너무 집착하진 말자.

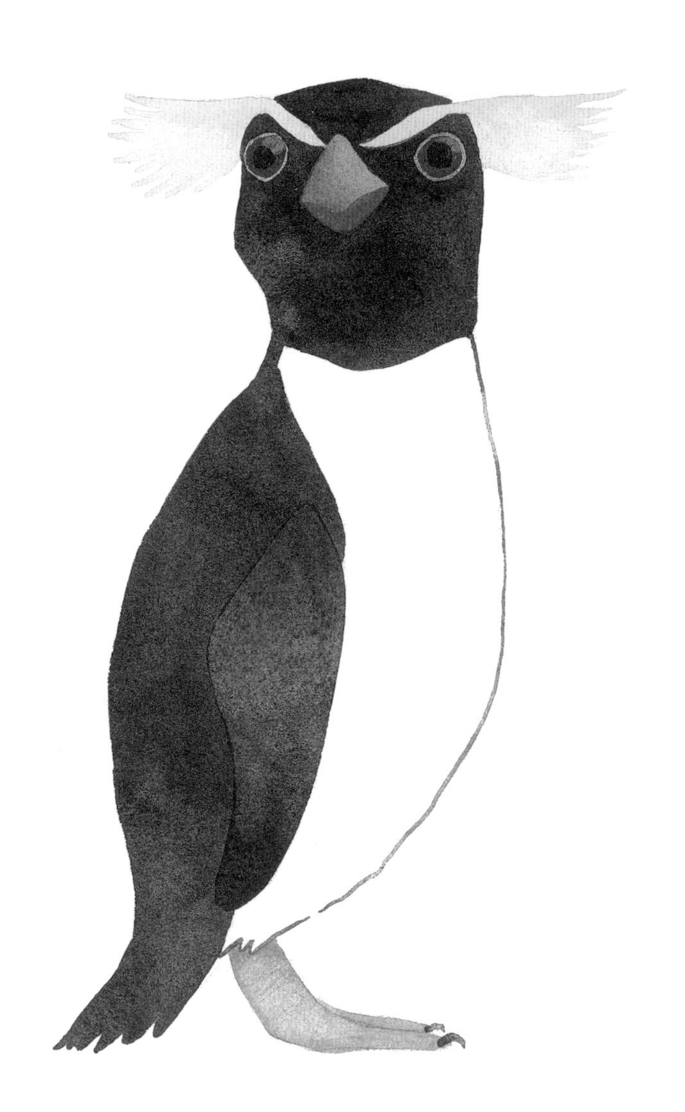

볏왕관펭귄

Eudyptes sclateri

뉴질랜드에 사는 볏펭귄 가운데 하나인 우리의 친구 볏왕관펭귄은, 암컷의 마음을 움직이는 동시에 연적을 제압할 정도로 매우 멋지고 쾌활한 외모를 자랑한다. 키는 50센티미터 정도로, 볏이 있는 왕관펭귄속 가운데 가장 크지만, 대부분이 오스트레일리아와 뉴질랜드 해안 지역의 작은 섬에 모여 살고 있을 뿐, 지구 여기저기에 널리 퍼져 살지는 못한다는 점은 다른 볏펭귄과 다를 바 없다. 이 펭귄의 서식지는 포식 동물, 심지어는 어디에나 있는 도둑갈매기의 그늘조차 없는 곳이었지만, 최근 이곳에 우연히 유입된 새로운 동물 때문에 마카로니펭귄속의 개체수는 급격하게 줄어들고 있다. 키가 50센티미터에 뚱뚱한 고양이와 비슷한 몸무게를 지닌 새들이, 고작 머리끝부터 발끝까지 길이가 7센티미터이고, 푸른박새와 비슷한 정도의 위력밖에는 없는 설치류 때문에 심각한 멸종 위험에 처해 있다니. 도저히 믿을 수가 없다. 마음 아프게도 생쥐들은 우리 덕분에 배를 타고 이 섬에 들어왔고, 펭귄의 알이 무척 맛있다는 걸 알게 되었다.

큰바다쇠오리

Pinguinus impennis

큰바다쇠오리 이야기는 바다를 배경으로 하는 처참한 비극이다. 한때는 이 커다란 바닷새 수백만 마리가 평생을 영국이나 스칸디나비아, 아이슬란드, 프랑스, 그린란드, 북아메리카, 캐나다 해안에서 보금자리를 찾아 살아갔다. 하지만 이제는 멸종되었다. 큰바다쇠오리는 재빠르지 못해 손쉬운 사냥감이었고, 기름과 깃털, 고기 때문에 늘 사냥을 당했다. 특히 굶주린 뱃사람들은 온 섬의 큰바다쇠오리를 몽땅 죽여 배에 싣곤 했다. 학명 핀구이누스*Pinguinus*에서 짐작할 수 있듯, 큰바다쇠오리는 펭귄의 원조라 불린다. 비록 현재의 펭귄과는 연결고리가 없지만. 바다쇠오리과로 오해하기 쉬운 이 이름은 남극 탐험가들이 붙여주었다. 이름만 보면 다른 바다쇠오리처럼 물속에서 민첩하고 우아하게 움직일 것만 같지만 사실은 육지에서 몹시 육중하고 어색하게 움직였다. 1840년대부터 멸종의 길을 걸었는데, 가장 마지막까지 살아남았던 큰바다쇠오리는 사람들이 던진 돌에 맞아 죽었다. 물에서 나오는 괴상하고 흐릿한 모습을 보고 마녀라고 믿었던 것이다. 마지막 결정타와 함께, 종 전체가 근거 없는 미신으로 사형선고를 받았다.

레이저빌

Alca torda

바닷새 세상의 피리새인 레이저빌은 통통배처럼 땅딸막하고 텅스텐처럼 강인하며, 굴을 까먹기에 최적화된 빛나는 검은색 부리를 지녔다. 비록 크릴을 훨씬 더 좋아하지만. 레이저빌을 포함한 모든 바다쇠오리과 새들은 날개를 펄럭이며 바다 위를 나는 동시에 수영도 대단히 잘한다. 북대서양에 사는 이 건장한 수영 선수들이 가장 즐겨 먹는 저녁 메뉴는 작은 갑각류다.

바다오리

Uria aalge

바다오리는 바다쇠오리의 일족으로, 큰부리바다오리처럼
영국에서는 흔히 볼 수 있는 평범한 새다. 퍼핀과 레이저빌과
같은 다른 바다쇠오리와 마찬가지로 영국에서는 가장 대중적인
바닷새이다. 하지만 바다오리는 여전히 인간의 손이 닿기 힘든
바닷새의 도시, 흰색으로 페인트칠한 것 같은 절벽 위에 산다.
방문할 기회가 있다면 대단히 멋진 경험이 될 것이다. 사람들은
보금자리에서 멀리 떨어져 관광객들이 있는 해안으로 밀려온
바다오리들을 보고 종종 기름기가 번드르르한 펭귄으로 착각하곤
한다. 심지어 바다오리를 보고자 이곳에 온 사람들조차 헷갈린다.
바다오리들은 180미터 깊이까지 잠수할 수 있다.
생선튀김을 해저 깊은 곳에 숨겨둔 게 분명하다.

퍼핀(코뿔바다오리)

Fratercula arctica

대서양 양쪽 연안의 경사가 급한 초원을 정신없이 돌아다니는 퍼핀을 보면, 해변에서 열린 생일 파티에서 설탕과 식품첨가물로 얼굴이 얼룩덜룩해진 채 뛰어다니는 강아지가 떠오른다. 퍼핀은 바다앵무새라고도 불리며, 강렬하고 매혹적인 부리는 껍질이 딱딱한 게를 와드득 씹어먹는 데는 적합하지 않지만, 그날 잡은 먹잇감들을 집으로 운반하는 데는 유용하다. 한 번에 열 마리 이상의 물고기를 담을 수 있다.(암컷 퍼핀을 유혹하는 데도 역시 매우 효과적이다.)

퍼핀은 바위 구멍이나 굴속에 보금자리를 틀고 집단을 이루어 사는데, 특히 100만 마리 이상이 외딴 아이슬란드 몇몇 지역에 모여 산다. 번식기가 끝나면, 바다로 향해 그곳에서 겨울을 보낸다. 문화적으로도 인기 있는 새로, 카드나 달력에서 자주 볼 수 있다.

퍼핀은 개체수가 많지만 한때는 지나친 남획으로 위기를 맞은 적도 있었다. 이제는 안심할 만한 상황이다. 하지만 스코틀랜드 페어섬에 한때 숱하게 많았던 바위들과 그곳에 무리를 지어 살았던 바닷새들이 소리 없이 줄어들고 있다. 바라건대, 하루빨리 다시 돌아와주기를.

훔볼트펭귄

Spheniscus humboldti

줄무늬펭귄속에 속하는 펭귄들은 모두 비슷비슷하게 생겼지만, 훔볼트펭귄 무리가 아마도 가장 대중에게 친숙한 줄무늬펭귄일 것이다. 훔볼트펭귄은 오래 전인 1930년대부터 런던동물원의 유명 인사였다. 처음에는 초현대적인 펭귄 전용 수영장에 갇혀 살았다. 이 수영장은 선구적인 건축가인 베르톨트 루베트킨이 디자인한 멋진 건물이었지만 훔볼트펭귄의 고향 서식지인 굽이치는 훔볼트 해류가 흐르는 남아메리카 페루와 칠레 해안에 대한 이해나 펭귄의 욕구가 전적으로 반영된 곳은 아니었다. 1930년대 한 신생 출판사의 디자이너가 회사 로고를 만들고자 런던동물원에서 새를 연구하면서 하루를 보냈다. 아마 이 출판사의 책은 여러분의 책장에도 한 권쯤 꽂혀 있을 것이다. 이 출판사의 세련된 펭귄 로고는 훔볼트펭귄과 아주 꼭 닮았다.

아프리카펭귄(자카스펭귄)

Spheniscus demersus

다양하고 주목할 만한 아프리카 대륙 해안 지역에는 많은 펭귄이 출몰하지만, 그 가운데 아프리카펭귄은 유일한 아프리카 고유종 펭귄이다. 지역에 따라서는 검은발펭귄이나 케이프펭귄으로 불리기도 한다. 실제 서식지는 남아프리카공화국의 희망봉보다 지리적으로 훨씬 널리 퍼져 있는데, 모잠비크부터 남아프리카 해안 전역을 지나 나미비아와 앙골라까지 이른다. 이 펭귄은 차가운 벵겔라 해류에 적응하는 데 성공했지만, 아프리카펭귄의 알을 식자재로 삼는 지역 풍토나 무분별한 사냥, 기름 유출 사건 등으로 인해 개체수가 수년 동안 급감했다.

줄무늬펭귄속 펭귄들은 따뜻한 기후를 더 좋아한다. 그래서 남극 지역에서는 거의 볼 수 없다. 얼굴에는 털이 없는 핑크 얼룩 부분이 있는데 체온을 조절하고 몸의 열기를 식히는 역할을 한다. 체온을 유지하기 위해 두터운 털옷을 입은 대부분의 다른 펭귄에 비해서는 지방층이 훨씬 얇은 편이다. 하지만 양지의 서식에도 악조건은 있다. 육지 포식 동물과 싸워야 하는 또 다른 위협이 도사리고 있으니까. 아프리카펭귄들은 웬만해서는 바위투성이 섬에서 벗어나지 않으려 하지만 언제나 몽구스나 뱀, 부엉이, 심지어 표범 때문에 위험에 처한다.

댕기바다오리(갈기퍼핀)

Fratercula cirrhata

댕기바다오리는 우리가 아주 잘 알고 사랑하는 퍼핀과 지구 반대편에서 살고 있다. 북태평양의 또 다른 한쪽, 캘리포니아에서 알래스카, 동아시아에서 러시아에 이르는 곳까지 이동하며 서식한다. 댕기바다오리가 바위 위에 서 있는 모습을 상상해보자. 큰 파도가 요란한 소리를 내며 바위에 부딪히는 가운데, 댕기바다오리가 바다를 향해 부는 산들바람에 장식깃을 나부끼며 수평선을 응시한다. 재기 넘치는 부리는 바닷물이 만들어내는 물보라에 은은하게 빛나고 있다. 멋진 녀석 아닌가. 암컷 수컷 할 것 없이 둘 다 멋지다. 같은 해안에 사는 요란한 차림새의 뿔퍼핀Horned Puffin과 무척 비슷하게 생겼는데, 영국에서 흔히 보는 퍼핀보다는 훨씬 크고 어디로 보나 전문 잠수함 승무원이나 어부처럼 보인다.

흰수염바다오리

Cerorhinca monocerata

북태평양에 사는 얼굴에 뿔이 난 이 뱃사람 친구는
유니콘퍼핀이라고도 불린다. 왜 그런지는 그림을 보면 쉽게
알 수 있을 것이다. 저 코뿔소 뿔은 돛새치를 꿰거나 지프를 타고
온 영화 제작자들을 막는 데 쓰이는 건 아니다. 다른 바다오리의
몸에 달린 장식처럼, 이 뿔도 주로 번식기에 두드러진다.
번식기에는 프랑켄슈타인 신부의 헝클어진 머리가 연상되는 멋진
흰 수염과 흰 눈썹, 그리고 유니콘의 뿔처럼 보이는 이 마법의 뿔
등이 모두 바다오리들 사이에서는 중요한 고려 대상이 된다.
누구든 가장 멋진 바다오리가 짝을 찾을 것이다.

민물가마우지

Phalacrocorax carbo

민물가마우지는 어부들에게는 무서운 존재다. 해안에 사는 새로, 여름 내내 상류로 거슬러 올라와 고기는 안 먹지만 생선은 먹는 채식주의자들을 위해 열린 연회에 참석한다. 일단 배가 부르면 칠흑같이 어두운 날개를 말리는데, 그 모습이 마치 강기슭을 서성이는 악마처럼 보여 겁먹은 낚시꾼들은 도망친다. 민물가마우지는 남아메리카와 극지를 제외하고는 세계 어디서나 볼 수 있다. 망망대해에 사는 새라기보다는 해안가 새로 보는 게 맞지만, 강어귀, 맹그로브 습지, 삼각주, 저수지, 호수, 늪, 구불구불 흐르는 거대한 강 등 상상할 수 있는 모든 종류의 물길에 잘 적응해 살아간다. 민물가마우지는 바위가마우지, 피그미가마우지, 황제가마우지, 갈라파고스섬의 갈라파고스가마우지 등 온갖 크기와 모습의 가마우지들을 모두 포함하는 대가족의 일원이다. 그래서 우리는 세계 어디를 가든 자연이 낳은 가장 훌륭한 낚시꾼을 만나볼 수 있다.

가넷

Morus bassanus

아니, 북방가넷이라고 부르는 게 더 적합할지도 모르겠다. 왜냐하면 내가 오스트레일리아와 뉴질랜드에서 보았던 가넷과 영국 해안에서 보는 가넷은 정말 다르다는 걸 막 깨달았기 때문이다. 겉모습은 거의 비슷해 보이지만, 북방가넷이 더 크고 북아프리카와 유럽, 그린란드, 캐나다, 북아메리카 전역에서 발견되는 데 비해 오스트레일리아의 가넷은 오직 오스트레일리아와 뉴질랜드에서만 볼 수 있다. 둘 다 떼를 지어 몰려다니는 사이클 선수나 전문 잠수부처럼 윤기가 흐르고 생생한 색감을 자랑한다. 물 위를 미끄러지듯 날아다니다가 먹잇감을 발견하면, 헬리콥터에서 떨어진 총검처럼 부리를 아래로 향한 채 곧장 하강한다. 가넷의 공격에서 벗어나기란 쉽지 않다. 이 성공적인 낚시 기법 때문에 가넷은 탐욕스런 대식가라는 누명을 덮어쓰기도 했다. 가넷처럼 먹는 것을 좋아하고, 종종 아무리 먹어도 양이 안 차는 그런 인간들에게도 잘 어울릴 만한 별명이다.

마젤란펭귄과 갈라파고스펭귄

Spheniscus magellanicus & Spheniscus mendiculus

마젤란펭귄은 갈라파고스펭귄과 무척이나 닮았다. 가슴에 편자
모양의 띠가 하나 더 있고, 훔볼트펭귄과 맞먹을 정도로 덩치가
크다는 점만 빼고는. 얼룩덜룩한 작은 반점들은 두 펭귄에게
개성을 부여하는데, 똑같은 눈송이가 없는 것처럼 펭귄마다 그
무늬가 모두 다르다. 한편 갈라파고스펭귄은 본질적으로 독특한
존재인데, 북반구에 사는 유일한 펭귄이기 때문이다(비록 북쪽으로
100킬로미터 정도 위치에 불과한 곳에 살지만). 갈라파고스 제도는
갈라파고스펭귄과 더불어 특이하고 희귀한 파충류, 포유류, 식물과
새의 보금자리이다. 이 수많은 고유종처럼, 펭귄 역시 위기에 처해
있고 멸종될 위험이 매우 크다. 갈라파고스 제도는 인간이 저지른
오염과 인간과 함께 따라 들어온 동물로 인해 위협받고 있다.
이곳의 지독한 더위 역시 수많은 생명체를 죽이는 데 한몫했다.
엘니뇨 현상으로 바닷물 온도가 높아지고 해류가 바뀌었으며,
따라서 먹이사슬이 불안정해졌다. 바다의 영양분이 줄어들자
우리 펭귄들 역시 굶주리게 되었다.

쇠푸른펭귄

Eudyptula minor

쇠푸른펭귄은 세상에서 가장 작은 펭귄으로, 잠수복을 입은 갈까마귀라고 상상하면 비슷하다. 오스트레일리아와 뉴질랜드 해안의 명물이다. 뉴질랜드에서는 '파란 요정'이나 '코로라Kororā'라고도 부른다. 이 작은 스노보더들은 포식 동물이 없는 오스트레일리아 남쪽과 뉴질랜드 전역에 걸쳐서 사는데, 풀이 거대한 띠를 이룰 만큼 무성하게 자란 해안 전역에 굴을 파서 보금자리를 튼다. 크기는 작지만, 반짝이는 이 파란 꼬마들은 매우 유능한 바닷사람 같아서 대개 바다에서 멸치나 작은 청어, 한치를 잡으며 하루를 보낸다. 그리고 황혼이 내릴 때까지 기다렸다가 달빛을 받으며 작게 무리를 이룬 채 보금자리 굴을 향해 버둥거리면서 해변을 가로질러 걸어간다. 어딘가 숨어 있을지 모를 포식 동물의 눈을 피해, 어둠을 틈타 집으로 향하는 것이다. 세상에서 가장 귀여운 이 펭귄들은 자기를 보러 그곳에 온 즐거운 관광객들의 관람석을 우왕좌왕하며 지나고 있다는 사실을 꿈에도 모를 것이다.

푸른발부비새(푸른발얼가니새)

Sula nebouxii

바닷새 세상에서 박새 같은 존재인 푸른발부비새는 아마도
이 책에 등장하는 새 가운데 가장 유명한 이름의 새일 것이다.
'푸른발얼가니새'라고도 불려서, 이 이름을 처음 듣는 사람들은
반드시 한 번쯤 피식 웃게 된다. 아름다운 나스카부비새나
수많은 갈색얼가니새를 비롯한 모든 부비새들은 가넷과
생물학적으로 아주 가깝다. 적도를 따라 남쪽으로 내려가면서
서식하는데, 푸른발부비새들은 갈라파고스를 포함해 멕시코에서
칠레로 내려가는 아메리카 대륙의 서쪽 해안에 머무른다.
다른 부비새와 마찬가지로, 푸른발부비새도 대식가이다.
물고기 떼를 향해 일제히 급강하하는 포식 동물로, 그 모습이
바다 위 가넷과 조금도 다를 바 없이 정밀하고 인상적이다.
하지만 '푸른발'이라는 이름은 육지에서 얻은 것이다.
수컷들은 구애하는 동안 하늘을 닮은 그 푸른색 발을 퍼덕거리는데,
그 모습이 마치 오리발을 처음 신어본 사람이 어설프게 걸어보려고
악전고투하는 것 같다. 이런 흉한 모습 때문에 '얼가니'라는
이름이 붙었는지도 모른다. 게다가 '부비'와 비슷한 말인 스페인어
'보보bobo'는 '멍청한' '광대'라는 의미를 지니고 있다.
확신할 순 없지만, 정어리와 고등어는 푸른발부비새가 자신을 향해
곤두박질치던 그 마지막 순간, 웃고 있었을지도 모른다.

오스트레일리아펠리컨
(오스트레일리아사다새)
Pelecanus conspicillatus

펠리컨은 영겁을 보낸 새다. 3000만 년 전에 굳은 펠리컨 화석이 발견되었는데, 물고기 주머니 역할을 하는 늘어진 목부터 엄청나게 거대한 날개까지 현대 펠리컨 종과 대단히 비슷했다. 펠리컨은 모두 여덟 종으로 분류된다. 흰아메리카펠리컨American White Pelican, 갈색펠리컨Brown Pelican, 페루펠리컨Peruvian Pelican, 분홍등펠리컨Pink-Backed Pelican, 아프리카 대륙의 분홍펠리컨Great White Pelican, 회색펠리컨Spot Billed Pelican, 유라시아의 달마티안펠리컨Dalmatian Pelican, 그리고 남은 하나가 바로 내가 가장 좋아하는 오스트레일리아펠리컨이다. 특히 나는 이 새가 꺼덕꺼덕거리면서 마치 자기 세상인 양 해변을 걸어가는 모습이 좋다. 스테로이드를 맞은 괴물 수영 선수처럼 몸에 딱 붙는 수영복을 입고, 친구 오스트레일리아펠리컨과 다투거나 농담을 주고받으며 멍청한 개처럼 볼품없이 서성거리다가 물로 뛰어든다. 그리고는 백조처럼 우아하게 물 위를 미끄러져가는 것이다.

아메리카군함조

Fregata magnificens

멕시코만, 카리브해, 남대서양에서 서식하는 이 놀라운 바닷새는
19세기에 바다를 누볐던, 가로돛이 펼쳐진 돛대가
세 개 이상 달려 있어 빠르고 위험했던 군함에서 이름을 따왔다.
정말, 이름에 걸맞은 멋진 새다. 많은 바닷새와 마찬가지로
아메리카군함조도 태고의 모습을 지니고 있다. 익룡처럼 길고
깃털이 삐죽삐죽한 날개로 카리브해 해안가를 돌아다니는
모습은 선사시대를 떠올리게 한다. 꽁지가 두 갈래로 갈라진
아메리카군함조를 우리에게 더 익숙한 모습으로 비유하자면,
공기주머니가 달린 붉은솔개가 아닐까 싶다. 둥그렇게 불룩해진
빨간 주머니는 펠리컨의 물고기 주머니와는 다르다. 검은색과
극명하게 대비되는 빨간 목 주머니는 단지 한 가지 목적, 바로
짝짓기를 위해 만들어졌다. 가장 크고, 가장 밝고, 가장 탄력
있는 주머니를 지닌 새가 새끼를 얻을 것이다!

검은집게제비갈매기

Rynchops niger

검은집게제비갈매기는 끔찍한 주걱턱을 지닌 제비갈매기다.
정말 못생긴 오리 새끼처럼 보이지만 사실 놀라운 낚시꾼이기도
하다. 엄청나게 튀어나온 아랫부리는 번식지에서 우쭐거리거나
암컷들을 사로잡는 데 쓰이기도 하지만 그게 다는 아니다.
서식지의 따뜻한 물 위를 긴 날개로 천천히 우아하게
나는 동안, 아랫부리는 물속에 푹 담긴 채 끌려가며
수면 위를 훑는다. 물고기가 부리 안에 들어오면, 아랫부리를
재빨리 철컥 닫고 높고 멀리 날아가 잡은 물고기를 즐긴다.
아메리카 검은집게제비갈매기는 오래오래 물고기를 낚으며
영원히 바다를 빛낼 낚시꾼들이다.

노란눈펭귄

Megadyptes antipodes

펭귄 가운데서도 분류학적으로 홀로 떨어져 있는 정말로 독특한 종이 바로 노란눈펭귄이다. 펭귄은 대체로 다섯 가지 범주로 구분되곤 한다. 첫번째는 황제펭귄과 임금펭귄이 포함된 황제펭귄속이다. 두번째는 훔볼트펭귄과 마젤란펭귄 등이 포함된 줄무늬펭귄속이다. 세번째는 금발 머리채를 지닌 녀석들인 왕관펭귄속, 네번째로 붓 꼬리를 지닌 젠투펭귄과 그의 사촌들, 다섯번째로는 쇠푸른펭귄과 흰날개펭귄이 속한 쇠푸른펭귄속이다. 그리고 이 녀석이 혼자 남는다. 노란눈펭귄은 혼자 '노란눈펭귄속Megadyptes'이라는 범주를 차지하고 있다. 노란눈펭귄의 혈통은 1500만 년 동안 변하지 않고 이어졌다. 호아친새Hoatzin, 캐나다두루미Sandhill Crane, 따오기Ibis처럼 오늘날까지 살아 있는 가장 원시적인 새 중 하나이다. 뉴질랜드 남부 해안과 그 인근 섬에 서식하는 이 멋진 펭귄은 그곳에서는 '호이호Hoiho'라고도 불린다. 노란눈펭귄이 먹이를 찾는 항해를 끝내고 해안선을 따라 집으로 돌아오는 모습은 이 세상 누구보다도 당당하다. 태양을 보며 두 눈을 가늘게 뜬 채, 대낮의 햇살을 받으며 미동도 없이 꼿꼿하게 서서 바닷물에 차가워진 몸을 덥힌다.

바다검둥오리사촌

Melanitta perspicillata

바다검둥오리사촌은 차가운 물에 사는 바다오리다. 번식은
북미와 캐나다 내륙에서 하는데, 오대호 옆 북방삼림대와
꼭대기에 만년설이 쌓인 산까지 올라간다. 하지만 겨울이
오면, 바다검둥오리사촌은 가방을 싸서 남쪽으로 이동해
해변에 도착한다. 정확하게 말하면 해변은 아니다. 물보라가
이는 강어귀나 하구, 물거품이 올라오는 얕은 만에 더 가깝다.
하지만 이 새들은 그곳이 어디든 검은 잠수복과 색색의
커다란 부리를 준비해온다. 마치 미국 베니스 비치에서
나이 든 캘리포니아 서퍼가 디자인한 것처럼 보이는 차림새로,
거친 물결 속에서 출렁이는 큰 파도를 타기에는 안성맞춤이다.
파도를 타자, 너무 크고 무서운 파도는 아니길 바라며.

물수리

Pandion haliaetus

물수리는 아름다운 철새 도둑갈매기이다. 물수리가 영국에 도착하면, 몇 안 되는 물수리의 둥지 주변에 설치된 카메라 뒤편 은신처에 숨은 사람들이 비명을 지르고 폭죽을 터트리며 이들의 도착을 먼저 알린다. 그럴 법한 것이, 물수리가 그만큼 멋진 새이기 때문이다. 독수리처럼 크고 영화필름처럼 흑백의 무늬를 지닌 맹금인데, 볏은 스포츠머리로 자른 듯 아주 짧다. 물수리들은 아프리카에서 겨울을 난 뒤, 봄여름 기간에 아주 적은 수만이 번식을 하러 영국과 그 근처 호수와 만을 선택해 찾아오기 때문에 관광객이나 탐조인은 초조할 수밖에 없다. 이렇게 사람들의 주목을 받는 명물인 물수리가 사실 세계에서 가장 넓게 분포하는 새라는 사실은 상상하기 힘들다. 물수리는 남극 지역을 제외하고는 물이 있는 곳이면 어디에서든 적응해 살아간다. 영국의 만이나 호수부터 오스트레일리아 해안의 모래밭까지, 물수리는 어디에서든 공중에서 갑자기 물로 뛰어들어 물고기를 낚아챌 것이다. 회색 숭어, 도미, 연어, 강꼬치고기까지 솜씨 좋고 편안하게 공중으로 잡아올리는데, 심지어는 발을 물에 적시지도 않는다.

흰꼬리수리

Haliaeetus albicilla

강하고 용맹한 유라시아의 흰꼬리수리는 한때 영국 북쪽 바위투성이 해안에서 아주 흔했다. 하지만 안타깝게도 가축을 위협한다는 이유로 심한 박해를 받았고 결국 1900년대 초에 영국 본토에서는 멸종되고 말았다. 흰꼬리수리는 크기가 거대하고, 하얀 꼬리는 재단기 날처럼 눈부시며, 날개는 대형 선박처럼 크고, 부리와 발톱은 백상아리 입처럼 잔혹하다. 흰꼬리수리에 감명을 받고 나면, 마치 영국 호화여객선 퀸엘리자베스2세호의 닻처럼 마음속에 남는다. 어마어마한 무기와 탁 트인 거대한 사냥터를 지닌 흰꼬리수리는, 높게 날아올라 저녁식사로 민물고기를 먹을지 바닷물고기를 먹을지 고민한다. 여러 면에서 흰머리수리American Bald Eagle와 생물학적으로 매우 가깝지만, 머리 색이 눈에 띄는 흰색은 아니며, 서식지 또한 스칸디나비아에서 러시아를 거쳐 일본까지 쭉 이어져 있지만, 흰머리수리가 사는 미국에는 발을 들여놓지 않는다. 1970년대부터 영국에서 세심하게 관리해온 결과, 흰꼬리수리는 스코틀랜드의 서쪽 해안으로 돌아와 번식에 성공했고 스코틀랜드의 멀섬과 스카이섬에도 보금자리를 틀었다. 흰꼬리수리가 서쪽 지역으로 점차 퍼지고 있다는 좋은 소식을 듣자, 나는 스코틀랜드가 서식지로 꽤 적절한 곳이라는 생각이 들었다. 이제 그들은 그곳에서 보살핌을 받으며 살아갈 것이다. 이 새는 고대 아일랜드 언어인 게일어로, '햇빛에 젖은 눈을 지닌 수리iolar súil na gréine'라고 불린다. 나는 이 말이 무척 좋다.

흰날개펭귄

Eudyptula minor albosignata

흰날개펭귄은 과학자들 사이에서 쇠푸른펭귄에서 깃털 색이 다른, 일종의 아종으로 여겨왔다. 하지만 사실 흰날개펭귄은 쇠푸른펭귄보다 더 크고 색도 완전히 다르다. 이 책을 읽고 있다면, 펭귄의 세계에서 종과 종 사이에 대부분 많은 차이점이 있다는 사실을 이미 알게 되었을 것이다. 그러니 나로서는, 펭귄의 색과 크기가 다양한 것이 펭귄종을 분류하는 데 썩 유용한 논거들인 셈이다. 흰날개펭귄은 쇠푸른펭귄의 진청색에 비하면 좀더 검푸르다. 고작 1~2센티미터 차이이긴 하지만 쇠푸른펭귄을 갈까마귀라 치면 흰날개펭귄은 어치다. 비록 흰 등지느러미 반점 같은 건 아니지만, 흰날개펭귄에게는 다른 모든 펭귄종과는 차별되는 큰 특징이 하나 있다. 바로 야행성이라는 점. 이들은 종일 땅 위에서 시간을 보내다가 해가 지고 나서야 저녁식사용 물고기를 잡으러 간다.

흰매

Falco rusticolus

흰매가 왜 바닷새를 소개하는 이 책에 등장했을까? 흰매는 맷과 가운데 가장 크며, 간혹 독수리보다 더 크다. 하지만 흰색과 검은색 얼룩무늬가 콕콕 박힌 겨울용 깃털을 두른 모습은 독수리보다 더 말쑥하고 냉혹해 보인다. 흰매는 북아메리카와 캐나다, 그린란드, 북유럽 등 추운 북쪽 태생이다. 보통은 고향 땅 툰드라와 산 위쪽 하늘을 맴돌지만, 한겨울이 되어 먹잇감이 부족해지면 숨어 있는 바닷새를 사냥하기도 한다. 최근 연구에서 밝혀진 바에 따르면, 흰매는 한겨울 어둑한 대낮에 유빙과 빙산 사이를 눈으로 살피며 새로운 사냥감을 수색한다. 댕기물떼새나 나그네쥐를 사냥하다가 겨울철이 되면 번식을 마치고 이동해온 바다오리와 갈매기를 노린다. 바다에 떠다니는 얼음덩어리와 바닷가 빙산 위에서 겨울을 보내고 나면, 가장 강인한 새인 흰매도 바다를 떠난다.

바닷새 관찰 기록장

이제껏 본 적 없는 바닷새를 관찰하는 건 매우 멋진 일이다. 몇몇 새는 좀 멀리 있지만, 꽤 많은 새를 생각보다 쉽게 볼 수 있어 놀랄 것이다. 직접 바닷새를 관찰하고 기록하고 싶다면 이 페이지를 활용해보자. 관찰 기록을 모두 간편하게 관리할 수 있다. 그럼 이제 창문가에 편안하게 자리 잡고 앉거나, 등산화와 보온병, 쌍안경을 챙겨 전 세계로 여행을 떠나자. 행복한 탐조 여행이 되기를!

☐ 황제펭귄
Emperor Penguin

☐ 임금펭귄
King Penguin

□ 갈색도둑갈매기
Brown Skua
□ 나그네알바트로스
Wandering Albatross
□ 쇠바다제비
Storm Petrel

□ 회색슴새(사대양슴새)
Sooty Shearwater
□ 북방큰풀마갈매기
Northern Giant Petrel
□ 젠투펭귄
Gentoo Penguin
□ 아델리펭귄
Adélie Penguin

☐ 줄무늬카라카라
Striated Caracara
☐ 칼집부리물떼새
Snowy Sheathbill
☐ 황제가마우지
Imperial Shag
☐ 북극제비갈매기
Arctic Tern

□ 턱끈펭귄
Chinstrap Penguin
□ 검은부리아비
Great Northern Diver
(Common Loon)
□ 북방풀마갈매기
Northern Fulmar
□ 북부바위뛰기펭귄과
남부바위뛰기펭귄
Northern & Southern
Rockhopper Penguin

□ 북극도둑갈매기
Parasitic Jaeger(Arctic Skua)
□ 쇠솜털오리
(스텔러솜털오리)
Steller's Eider
□ 마카로니펭귄
Macaroni Penguin
□ 오색솜털오리
(호사북방오리)
King Eider

□ 로열펭귄
Royal Penguin
□ 흰줄박이오리
Harlequin Duck
□ 흰비오리
Smew
□ 뿔바다쇠오리
Crested Auklet

□ 각시바다쇠오리
Little Auk

□ 피오르드랜드펭귄
Fiordland Crested Penguin

□ 볏왕관펭귄
Erect-crested Penguin

□ 큰바다쇠오리
Great Auk
□ 퍼핀
(코뿔바다오리)
Puffin (Atlantic Puffin)
□ 레이저빌
Razorbill
□ 바다오리
Guillemot (Common murre)

□ 훔볼트펭귄
Humboldt Penguin
□ 아프리카펭귄
(자카스펭귄)
African Penguin
□ 댕기바다오리
(갈기퍼핀)
Tufted Puffin

□ 흰수염바다오리
Rhinoceros Auklet
□ 가넷
Gannet
□ 민물가마우지
Cormorant
□ 마젤란펭귄과 갈라파고스펭귄
Magellanic & Galápagos Penguin

□ 쇠푸른펭귄
Little Penguin

□ 오스트레일리아펠리컨
(오스트레일리아사다새)
Australian Pelican

□ 푸른발부비새
(푸른발얼가니새)
Blue-footed Booby

□ 검은집게제비갈매기
Black Skimmer
□ 노란눈펭귄
Yellow-eyed Penguin
□ 바다검둥오리사촌
Surf Scoter
□ 아메리카군함조
Magnificent Frigatebird

□ 물수리
Osprey
□ 흰꼬리수리
White-Tailed Sea Eagle
□ 흰매
Gyrfalcon
□ 흰날개펭귄
White-flippered Penguin

감사의 말

나의 오색방울새 제스, 로미, 메이 그리고
사랑하는 가족들에게.

메건 리와 코트 바이 더 리버Caught By The River의 모든 멤버들,
사이먼 베넘, 글래스톤버리 페스티벌의 프리유니버시티
프로그램과 크로스 네스트 무대, 음향 감독 리처드 킹과
더 그린 맨 페스티벌, JK, 영국박물관이 있는
몬태규플레이스에서 활동하는 길거리 자원봉사자들과
시레강가의 정다운 사람들에게 감사를 전한다.

바닷새를 보호하기 위해 활동하는
모든 사람에게는 큰 소리로 응원을 보낸다.
앞으로도 지금처럼 열심히 싸우자!

지은이 맷 슈얼Matt Sewell

예술가이자 일러스트레이터로, 열렬한 조류학자이자 베스트셀러
작가이다. 그는 런던, 맨체스터, 뉴욕, 도쿄, 파리에서 전시하기도 했다.

옮긴이 최은영

고려대학교에서 서양사학과 국문학을 공부했다. 창작모임 '작은 새'
동인이며, 작가이자 번역가, 기획편집자로 활동하고 있다. 쓴 책으로
《나는 그릇이에요》《한숨 구멍》《한들한들 바람 친구》, 《일곱 개의 방》(공저)
등이 있고, 《아이비와 신비한 나비의 숲》을 우리말로 옮겼다.

감수 이원영

서울대학교 행동 생태 및 진화 연구실에서 까치의 양육 행동을 주제로
박사 과정을 마치고 극지연구소 선임 연구원으로 재직 중이다. 남극과
북극을 오가며 펭귄을 비롯한 야생 동물을 연구한다. 동물의 행동을
사진에 담고, 그림으로 남기며 과학적 발견들을 나누는 데 관심이 많아
《한국일보》에 '이원영의 펭귄 뉴스'를 연재하고 팟캐스트 '이원영의 새,
동물, 생태 이야기', 네이버 오디오클립 '이원영의 남극 일기' 등을
진행하며 《여름엔 북극에 갑니다》《물속을 나는 새》를 썼다.